BEI GRIN MACHT SICH IHR WISSEN BEZAHLT

Martin Eder

Wirtschaftlich wichtige Nutzpflanzen der mediterranen Subtropen: Agrumen

GRIN Verlag

Bibliografische Information der Deutschen Nationalbibliothek:

Die Deutsche Bibliothek verzeichnet diese Publikation in der Deutschen National-
bibliografie; detaillierte bibliografische Daten sind im Internet über http://dnb.d-
nb.de/ abrufbar.

Dieses Werk sowie alle darin enthaltenen einzelnen Beiträge und Abbildungen
sind urheberrechtlich geschützt. Jede Verwertung, die nicht ausdrücklich vom
Urheberrechtsschutz zugelassen ist, bedarf der vorherigen Zustimmung des Verla-
ges. Das gilt insbesondere für Vervielfältigungen, Bearbeitungen, Übersetzungen,
Mikroverfilmungen, Auswertungen durch Datenbanken und für die Einspeicherung
und Verarbeitung in elektronische Systeme. Alle Rechte, auch die des auszugsweisen
Nachdrucks, der fotomechanischen Wiedergabe (einschließlich Mikrokopie) sowie
der Auswertung durch Datenbanken oder ähnliche Einrichtungen, vorbehalten.

Impressum:

Copyright © 2008 GRIN Verlag GmbH
Druck und Bindung: Books on Demand GmbH, Norderstedt Germany
ISBN: 978-3-656-74670-6

Dieses Buch bei GRIN:

http://www.grin.com/de/e-book/281355/wirtschaftlich-wichtige-nutzpflanzen-der-
mediterranen-subtropen-agrumen

GRIN - Your knowledge has value

Der GRIN Verlag publiziert seit 1998 wissenschaftliche Arbeiten von Studenten, Hochschullehrern und anderen Akademikern als eBook und gedrucktes Buch. Die Verlagswebsite www.grin.com ist die ideale Plattform zur Veröffentlichung von Hausarbeiten, Abschlussarbeiten, wissenschaftlichen Aufsätzen, Dissertationen und Fachbüchern.

Besuchen Sie uns im Internet:

http://www.grin.com/

http://www.facebook.com/grincom

http://www.twitter.com/grin_com

Universität Passau   Sommersemester 2008

Lehrstuhl für physische Geographie

PS: Physische Geographie/Regionale Geographie: PS Mediterrane Subtropen

Autor: Martin Eder

Abgabetermin: 28.04.2008

Wirtschaftlich wichtige Nutzpflanzen der mediterranen Subtropen:

Agrumen

Inhaltsverzeichnis

Einleitung

Diese Arbeit beschäftigt sich mit einem wesentlichen Merkmal der mediterranen Subtropen, welches sowohl ein wichtiges Handelsgut ist als auch das Landschaftsbild prägt: die Agrumen. Der Begriff Agrumen stammt aus dem Italienischem und bedeutet soviel wie Sauerfrüchte, es handelt sich also um alle Arten der Zitrusfrüchte, die im Verlauf dieser Arbeit, insbesondere als wirtschaftliche Nutzpflanze der mediterranen Subtropen, behandelt werden.

1. Herkunft und Ursprung

Die Gattung *Citrus* umfasst zahlreiche Arten und Formen, deren Ursprung im südostasiatischen Raum liegt, als Heimatländer gelten Indien, China und das Malaiische Inselmeer (FRANKE, 1984). Laut www.wikipedia.de werden frühe Formen der uns heute bekannten Zitrusfrüchte in Aufzeichnungen über Tributzahlungen an den chinesischen Herrscher Ta Yu schriftlich erwähnt, die Texte werden auf ca. 800 v. Chr. geschätzt. Die Ausbreitung nach Westen gelang erst durch die Verwendung als Zier-, besonders aber als Heilpflanze. So beschreibt Theophrast die Wirkung des sog. medischen oder persischen Apfels (heute: Zitronatzitrone, lat.: citrus medica) als lindernd und heilend bei Gicht und Mundfäule. (FRANKE, 1984) Nach und nach breiteten sich immer mehr anbauwürdige Sorten an den Küstengebieten des Mittelmeers aus, die Zitrone wurde im 10. Jahrhundert durch die Araber eingeführt, im 14. Jahrhundert folgte die Apfelsine in Spanien und Portugal. Seitdem verbreiteten sich unterschiedliche Zitrusarten verstärkt in den klimatisch geeigneten Zonen und kamen schließlich um 1700 durch spanische und portugiesische Kolonialisten auch auf den amerikanischen Kontinent. (ebd.) Dort wurde im Jahr 1885 zum ersten Mal die Grapefruit aus Westindien von den Staaten Kalifornien, Arizona und Florida übernommen und erfreut sich dort seitdem großer Beliebtheit. Im Mittelmeerraum wurden dagegen vermehrt andere Zitrusarten kultiviert und so begann man erst Anfang/Mitte des 20. Jahrhunderts erste Grapefruitpflanzungen vorzunehmen (ebd.).

2. Arten und Sorten

Die Herkunft der wissenschaftlichen Bezeichnung *Agrumen* wurde bereits in der Einleitung geklärt. Die umgangssprachliche und biologische Bezeichnung *Zitrus* stammt aus dem Lateinischen *(citrus)* und bezeichnete u.a. die damals weit verbreitete Zitronatzitrone. Ende des 14. Jahrhunderts wurde eine immer wichtiger werdende Zitruspflanze, angelehnt an das lateinische *citrus* benannt, die Zitrone (GENAUST, 2005). 1753 schließlich wurde durch Carl von Linné die Bezeichnung *Citrus* für die gesamte Gattung eingeführt (www.wikipedia.de, Zugriff: 27.03.2008, 16.00 Uhr). Bei der genauen Einteilung der Arten bzw. den vielen verschiedenen Sorten sind sich Wissenschaftler und Biologen oft nicht ganz einig. Das Problem ergibt sich daraus, dass Kreuzungen zwischen allen Arten möglich sind und daher teilweise nicht mehr genau zurückverfolgt werden kann, auf welche Ur-Sorten heutige Pflanzen fußen (ebd.). Vereinfacht können die Agrumen in die Arten Orange, Mandarine, Zitrone/Limette und Grapefruit unterteilt werden, diese dann jeweils in ihre Sorten.

Da die Auflistung sämtlicher Sorten und Kreuzungen den Rahmen dieser Arbeit bei weitem sprengen würde, werden nur die wichtigsten und wirtschaftlich bedeutendsten näher erklärt. Tabelle 1 bietet einen Überblick über die Unterteilung der Zitrusfrüchte und ihre bekanntesten und wichtigsten Sorten.

Tab. 1: Wirtschaftlich wichtige Zitrusfrüchte (eigener Entwurf)

Art	Botanische Bezeichnung	Hauptsorten
Orange	Citrus sinensis	Valencia, Shamouti, Washington, Thomson
Mandarine	Citrus reticulata	China, Ciaculli, Clementine
- Tangerine	Variation deliciosa	Beauty, Dancy, Cleopatra
- Satsuma	Variation unshiu	Owari, Wase
Zitrone/ Limette	Citrus limon	Eureka, Lisbon, Villafranca
- Saure Limette	Citrus aurantiifolia	Mexican, Tahiti
- Süße Limette	Citrus limetta	Millsweet, Marakesh-Limonette
Grapefruit	Citrus grandis	Duncan, Marsh, Thompson

4

Neben den oben aufgelisteten Sorten drängen in den letzten Jahren vermehrt Hybridzüchtungen auf den Markt. So z.B. Kreuzungen zwischen Tangerine und Grapefruit (Sorten: Orlando, Minneola) oder Tangerine und Orange (Sorte: Temple) (REHM & ESPIG, 1984).

3. Anatomie von Agrumen

3.1 Blätter

Zitruspflanzen gehören zur Familie der Rautengewächse (Rutaceae) und sind immergrüne Bäume oder sommergrüne Sträucher. Die Blätter weisen einen mehr oder weniger geflügelten Blattstiel auf und haben je nach Sorte eine teilweise sehr charakteristische Form (REHM & ESPIG, 1984). Auch besitzen viele Gewächse Dornen unterschiedlichen Ausmaßes, welches oft vom Entwicklungsstand der Pflanze abhängig ist. „Bedornte Arten haben als Sämlinge und an Wassertrieben kräftige, lange Dornen, an fruchtenden Zweigen kleinere oder überhaupt keine Dornen" (REHM & ESPIG, 1984, S.167). Die nachfolgende Grafik zeigt deutlich den Unterschied zwischen den 3 Zitrusarten Zitrone, Mandarine und Grapefruit.

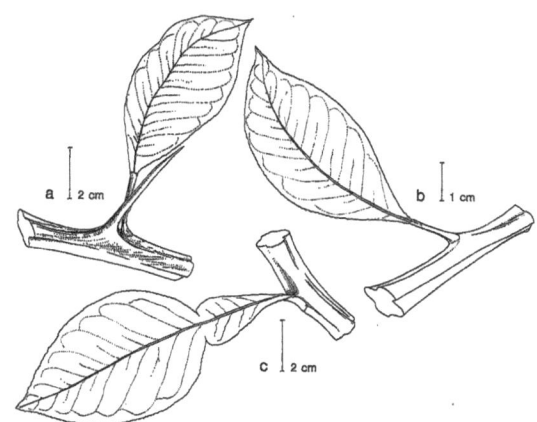

Abb. 1: Vegetative Merkmale von (a) Zitrone, (b) Mandarine, (c) Grapefruit (REHM & ESPIG, 1984)

3.2 Blüten

Die Blüten befinden sich entweder einzeln oder zu mehreren Paaren in den Blattachseln, die Blütenblätter sind weiß bis rosa gefärbt. Der Blütenkelch ist 4- bis 5-zählig und gibt eine gewöhnlich 5 – aber auch bis zu 8-blättrige – weiße oder rötlich gefärbte Blumenkrone preis (ESDORN & PIRSON, 1973). Abbildung 2 und 3 bieten einen Blick auf blühende Orangen- bzw. Zitronenpflanzen.

Abb. 2: Früchte, Blüten und Blätter der Orange

(*Citrus × aurantium*)

(http://de.wikipedia.org/wiki/Agrumen ; Zugriff: 25.03.08

Abb. 3: Blüte einer Zitrone

(*Citrus × limon*)

(http://de.wikipedia.org/wiki/Agrumen ;
Zugriff: 25.03.08)

3.3 Frucht

Die aus der Blüte entstehende Frucht kann in 3 Teile unterteilt werden. Zum einen die Schale, welche unterschiedlich dick sein kann und in der sich zahlreiche Drüsen mit ätherischen Ölen befinden, sie wird Flavedo genannt. Die darunter liegende, weiße, schwammige Schicht wird als Albedo bezeichnet. Der dritte Teil, das Fruchtfleisch oder auch Pulpa, besteht aus saftigen Segmenten, die mit vielzelligen Saftschläuchen durchzogen sind und mehr oder weniger spaltbar sind (ESDORN & PIRSON, 1973). Häufig enthalten die für den Obstmarkt gezüchteten Sorten keine oder nur vereinzelte Samen. Grundsätzlich befinden sich in jedem Fruchtfach, also in jedem Segment des Fruchtfleisches, aber mindestens ein oder mehrere Samen. Die Vermehrung durch diese Samen ist potentiell möglich, wird aber bei größeren Plantagen vorwiegend vegetativ praktiziert, worauf im Folgenden noch genauer eingegangen wird. (ebd.).

4. Anbau und Ökophysiologie

4.1 Temperatur

Die zwei wichtigsten Faktoren um erfolgreich Agrumen anbauen zu können, stellen Temperatur und Niederschlag dar. Länger andauernder Frost ist unbedingt zu vermeiden, obgleich die Empfindlichkeit dafür abhängig ist von Art, Sorte und Unterlage. Für die Blüten und jungen Früchte sind Minustemperaturen besonders gefährlich und können zum Abfallen führen. Auch die Blätter können schon bei leichtem Frost Schaden nehmen, was sich durch Einrollen an den Rändern bemerkbar macht. Generell gilt je höher der Säuregehalt der Frucht, umso frostempfindlicher. Auf hohe Schwankungen der Temperaturen im Plusbereich reagieren Agrumen schnell mit Verfärbungen oder Ausbildungen von Segmenthäuten an den Früchten (FRANKE, 1984). Nach FRANKE (1984) liegen günstige Mittelwerte für Valencia-Orangen bei Tagestemperaturen von 20°C und Nachttemperaturen von 17°C. Je höher die Temperaturen, desto kürzer die Entwicklungszeit der Früchte bis zur Reife, jedoch ist es schwierig die Anbauwürdigkeit nach den mittleren Jahrestemperaturen zu bestimmen. „Als untere Grenze kann ein mittlerer Temperaturbereich von 16 bis 20°C gelten. Damit beschränkt sich der erfolgreiche Zitrusanbau auf die warmen Zonen, wobei die bedeutendsten Anbaugebiete im subtropischen Bereich zu finden sind" (FRANKE, 1984, S. 208).

Die nachfolgende Grafik zeigt die wichtigsten Anbaugebiete der Agrumen weltweit.

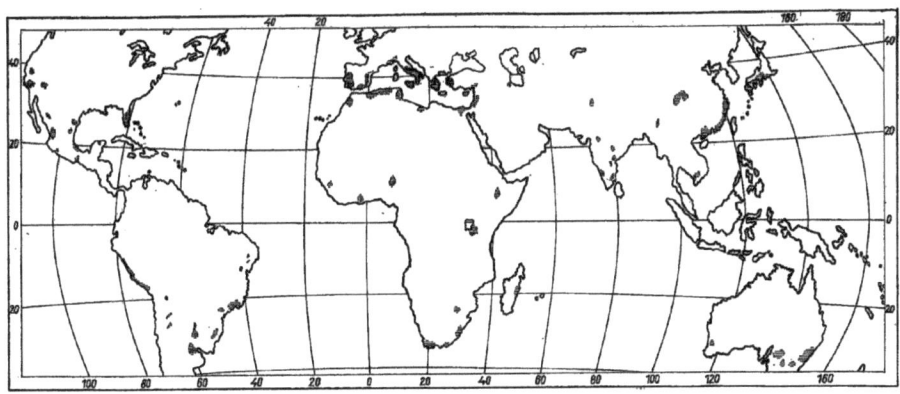

Abb. 4: Die wichtigsten Anbaugebiete von Zitrusarten (FRANKE, 1984)

7

Zitrusanbau in Form von intensiven Plantagenkulturen setzte sich in vielen Gebieten erst durch das Okulieren auf eine fremde Unterlage, was im Kapitel „Anbau" noch genauer erläutert wird, durch. Heutzutage trifft man zwar in allen klimatisch geeigneten Gebieten auf Zitruspflanzen, jedoch liegt der Anbauschwerpunkt für die wirtschaftliche Produktion im subtropischen Bereich, während im tropischen Bereich Agrumen vorwiegend zur Eigenversorgung dienen. Wie auch teilweise aus der Abbildung 4 hervorgeht, befinden sich wichtige Anbaugebiete „in Amerika (Südstaaten, Kuba, Mexiko, Argentinien, Südbrasilien), der Republik Südafrika, den Ländern am Mittelmeer (Spanien, Italien, Griechenland, Marokko, Israel), Indien, der VR China, in Japan, Australien und Neuseeland" (FRANKE 1984, S. 189).

4.2 Wasserversorgung

Neben der Temperatur ist als zweiter wichtiger Faktor die Wasserversorgung zu nennen. Wie bereits erwähnt, befinden sich die bedeutendsten Anbaugebiete im subtropischen Bereich, genau in diesem kann es aber zu Problemen mit den Niederschlägen kommen, sie reichen oft nicht aus und sind zudem zeitlich ungünstig verteilt. Da aber der hohe Strahlungsbedarf von Zitrusfrüchten ebenso wichtig ist und man die Anbaugebiete nicht einfach in niederschlagsreichere, dafür aber kühlere Gebiete verlagern kann, bleibt oft nur die künstliche Bewässerung als Lösung. Das Optimum an Niederschlag für Agrumen schwankt je nach Art und Sorte, kann aber zwischen 1900 und 2400 mm eingeordnet werden. Wird auf eine Bewässerung verzichtet, so müssen mindestens 1200 mm im Jahr an Niederschlag fallen, unter dieser Grenze ist kein Anbau möglich (FRANKE, 1984). Das meiste Wasser wird während der Fruchtentwicklung verbraucht, wohingegen das wenigste laut REHM & ESPIG (1984) während der Fruchtreife und der winterlichen Ruheperiode benötigt wird.

4.3 Boden

Spielt der Boden bei vielen Nutzpflanzen eine herausragende Rolle, so ist er bei den Agrumen ein keinesfalls unwichtiger, aber eher zweitrangiger Faktor. Sind Klima und Wasserversorgung für den Anbau geeignet, so eignet sich beinahe jede Bodenart, wenn sie entsprechend tiefgründig, wasser- als auch luftdurchlässig ist. Nährstoffdefizite können, wie im Verlauf noch genauer erläutert wird, mittels Düngung ausgeglichen werden und auch beim pH-Wert sind Agrumen sehr tolerant, gedeihen sie doch in einem Bereich von pH 4 bis 9. Der optimale Untergrund ist ein sandiger Lehmboden, wirklich schlechte Anbauvoraussetzungen bieten lediglich tonige oder Böden mit Festschichten, wodurch sich für Zitrusgewächse ungünstige Staunässe bilden kann (FRANKE, 1984).

4.4 Vermehrung und Pflanzung

Um stärkere, widerstandsfähigere Pflanzen und höhere Erträge zu erhalten werden heutzutage die meisten Zitruspflanzen durch das sog. Okulieren vermehrt, d.h. der Zitrusspross wird auf eine vorgezüchtete Unterlage veredelt. Als Unterlage kommen im Prinzip alle Arten der Zitruspflanzen in Frage, es gibt keine perfekte Unterlage, die alle möglichen Krankheiten, Wuchsstörungen etc. ausgleichen kann. Oft werden daher verschiedene Veredelungsunterlagen verwendet um das Risiko einer bestimmten Schwachstelle, wie z.B. einer Anfälligkeit für eine Krankheit, zu mindern und die Pflanzen mit den besten Voraussetzungen für das jeweilige Anbaugebiet auszustatten (FRANKE, 1984). Einen Überblick über häufig verwendete Unterlagen und ihre Eigenschaften bietet Tabelle 2.

Tab. 2: Einfluss der Unterlage auf Eigenschaften des Baumes und der Früchte bei Orangen (REHM & ESPIG, 1984).

| Unterlage | Kälte-resistenz | Wuchs-kraft | Ertrag | Frucht-qualität | Kragen-fäule | Resistenz gegen | | |
						Tristeza	Cachexie u. Xyloporose	Exocortis
Rauhschalige Zitrone (C. jambhiri Lush.)	–	+ +	+ +	–	–	+	+	+
Bittere Orange	+	+	+	+	+	– –	+	+
'Cleopatra' Mandarine	+ +	–	+	+	+	+	+	+
'Troyer' Citrange	+ +	+	+	+ +	+	+	+	–
Gewöhnliche Orange	+	+ +	+	+	–	+	+	+
'Rangpur' Limette	–	+	+	+	–	+	–	–
Poncirus trifoliata	+ +	–	+	+ +	+	+	+	– –
Palästina-Limette	– –	–	+	+	–	–	–	–

+ + = deutlich verbessert, + = gut, – = geschwächt, – – = sehr schwach

Die so vermehrten jungen Zitruspflanzen werden meist in speziellen Baumschulen großgezogen, bis sie den nötigen Entwicklungsstand zur Verpflanzung auf eine Plantage erreicht haben. Dort werden sie dann gewöhnlich in einer Reinpflanzung

9

eingesetzt, d.h. eine bestimmte Fläche wird ausschließlich für Zitrusarten benutzt. Es gibt aber auch vereinzelte Projekte, die Mischkulturen erproben um den Fruchtertrag oder die Fruchtqualität zu steigern. „'Beispielweise werden in Nordafrika und Südarizona Zitruskulturen mit Dattelpalmen als Wind- und Sonnenschutz in Mischkultur erfolgreich betrieben. In Florida findet man auch Ananas, Pfirsich und Guave als Zwischenpflanzung' " (FRANKE, 1984, S. 213). Diese Art des Anbaus wird sich jedoch gegen die Reinpflanzung nicht durchsetzen, da sie mit deutlich mehr arbeitsorganisatorischem Aufwand und dem Risiko von Missernten verbunden ist, aufgrund der Empfindlichkeit mancher Zitrusarten in Bezug auf Wurzelkonkurrenten. Das Pflanzsystem entspricht überwiegend der Viereckpflanzung (Rechteck oder Quadratpflanzung) und eignet sich am besten zur Bearbeitung und Pflege der Plantage. Der Pflanzabstand ergibt sich je nach Wachstumsstärke und Wuchscharakter, es werden dabei lediglich kleine Gassen zwischen den Reihen freigelassen, die mit den entsprechenden Spezialgeräten befahrbar sind (FRANKE, 1984). Der Boden wird durch den Einsatz von Herbiziden freigehalten, zum einen um Wasser einzusparen, welches von Unkraut verbraucht werden könnte, andererseits auch aus phytosanitären Gründen (REHM & ESPIG, 1984).

4.5 Düngung

Neben dem Einsatz von Fungi-, Herbi- und Pestiziden, spielt die Düngung eine wesentliche Rolle beim Anbau von Zitrusfrüchten. Eine allgemeingültige Angabe von Nährstoffen, die optimal für Zitrusgewächse sind, gibt es nicht, da diese sowohl von der Art als auch natürlich vom Boden und klimatischen Einflüssen des jeweiligen Anbaugebiets abhängig sind.

Für die Analyse, welche Nährstoffe der Pflanze fehlen, werden Mangelerscheinungen an den Blättern, den Früchten und dem Baum selbst gesucht. (FRANKE, 1984). Nachfolgende Grafik zeigt eine Nährstofftabelle als Beispiel, „Die Angaben beziehen sich auf 4 bis 10 Monate alte Blätter fruchttragender Triebe des Frühjahrswachstums" (FRANKE, 1984, S. 216).

Tab. 3: Richtwerte zur Einschätzung blattanalytischer Ergebnisse für den Grad der

Nährstoffversorgung bei Zitrus (FRANKE, 1984)

Nährstoff	Versorgung				
	mangelhaft	niedrig	genügend	hoch	übermäßig
	in % der Trockensubstanz				
Kalzium	<2,0	2,0 -2,9	3,0 -6,0	6,1 -6,9	>7,0[1])
Magnesium	0,05-0,15	0,16-0,20	0,30-0,60	0,70-1,00	>1,0[1])
Stickstoff	0,60-1,90	1,90-2,10	2,20-2,70	2,80-3,50	>3,60[1])
Phosphor	<0,07	0,07-0,11	0,12-0,18	0,19-0,29	>0,30[1])
Kalium	0,15-0,30	0,40-0,90	1,00-1,70	1,80-1,90	>2,00[1])
Schwefel	0,05-0,13	0,14-0,19	0,20-0,30	0,40-0,49	>0,50
Natrium		0,01-0,06	0,01-0,15	0,20-0,25	>0,25
Chlor			0,02-0,15	0,20-0,30	>0,40
	in ppm der Trockensubstanz				
Bor	<15,0	15,0-40,0	50,0-200	200-250	>250
Kupfer	< 4,0	4,1- 5,0	5,1- 15	15-20	>20[1])
Eisen	<40,0	40,0-60,0	80,0-150	>150	[1])
Mangan	5,0 -20,0	21,0-24,0	25,0-100	100-200	300-1000[1])
Molybdän	0,01- 0,05	0,06-0,09	0,1-3,0	4,0-100	>100[1])
Zink	4,0 -15,0	15,0-24,0	25,0-100	110-200	>200[1])

[1]) Werte zweifelhaft

Die Art und Menge der hinzuzufügenden Düngemittel ist teilweise sehr unterschiedlich, zu den wichtigsten gehören aber mit Sicherheit Stickstoff, Phosphor und Kalium. Eine Überdüngung kann allerdings genau ins Gegenteil umschlagen, die Erträge mindern und die Pflanzen schädigen, wie nachfolgende Tabelle zeigt (FRANKE, 1984).

Tab. 4: Mangel-/Überdüngungserscheinungen (eigener Entwurf)

Nährstoff	Anzeichen für Mangel	Anzeichen für Überdüngung
Stickstoff	Geringer Fruchtansatz, kleine Früchte	Dickschaligkeit, Saftarmut, hoher Säureanteil
Phosphor	Langsamer, kümmerlicher Wuchs	Zink und Eisen werden ausgeschwemmt, Wuchshemmungen
Kalium	Verminderter Fruchtansatz, weiche und dünne Schale	Salzschäden, Wuchshemmungen

11

Werden die Pflanzen entsprechend gut gepflegt und nicht durch Krankheiten oder Schädlinge geschwächt, liefern sie 20 Jahre (bei Mandarinen) und bis zu 40 Jahre (bei Orangen) vollen Ertrag. Es gibt aber auch bei weitem ältere Exemplare, die immer noch ökonomisch produzieren (REHM & ESPIG, 1984).

5. Krankheiten und Schädlinge

Agrumen gehören zu den wohl empfindlichsten und am meisten von Krankheiten und Schädlingen betroffenen Pflanzen überhaupt. Sowohl durch Bakterien, Viren als auch Pilze besteht bei Zitrusfrüchten Gefahr, der Anbau in Monokulturenplantagen begünstigt dabei die Ausbreitung und erschwert die Bekämpfung (www.wikipdeia.de, 17.03.08). Ein besonders gefährliches Beispiel einer bakteriellen Erkrankung ist der sog. Zitrus-Krebs (Pseudomonas citri). Dieses aus Ost-Asien stammende Bakterium konnte nur durch Roden und Verbrennen aller betroffenen Pflanzen im Zeitraum von 1913 – 1323 in den USA, von 1918 – 1927 in Süd-Afrika ausgerottet werden, jedoch gelang dies nicht weltweit. Bei den Pilzen sind vor allem die Phytophthora-Arten gefürchtet, die zu Fäulnis an verschiedenen Teilen der Pflanzen, jedoch meist im Wurzelwerk, führen (REHM & ESPIG, 1984). Von den virusbedingten Krankheiten sind bis heute u.a. der Citrus-Tristeza-Virus, Citrus Exocortic Viroid und der Mosaik- und Ringflecken-Virus bekannt (www.wikipedia.de, Zugriff: 27.03.2008, 16.00 Uhr). Die Anzahl der auf Zitrus spezialisierten Schädlinge beträgt einige hundert. Nur allein von den Schildläusen, die auf Agrumen hausen, gibt es 24 Arten. Es folgen weitere Insekten, wie z.B. Raupen, Spinnmilben, Blattläuse und unterschiedliche Arten von Fliegen. Um Krankheiten und Schädlingen vorzubeugen und sie wirksam zu bekämpfen ist ein regelmäßiger Einsatz von Pestiziden notwendig und ratsam um die Erträge nicht zu gefährden (REHM & ESPIG, 1984).

6. Ernte und Verwertung

Der Ertrag einer Plantage beginnt zwischen dem 3. bis 5. Standjahr und kann je nach Art und Sorte variieren, wie der ebenso davon abhängige Zeitpunkt der Blüte bzw. Ernte (FRANKE, 1984). Nach REHM & ESPIG (1984) kann man von einer guten Plantage mit Orangen oder Mandarinen etwa 30t/ha, mit Zitronen oder Grapefruits etwa 40t/ha erwarten. Wichtig dabei ist auch, dass Zitrusbäume pro Jahr dreimal neue Blätter treiben. Im behandelten Bereich der Subtropen ist der Frühjahrstrieb der stärkste und blütenreichste, die beiden nachfolgenden Triebe sind schwächer und mit wenigen oder auch keinen Blüten. Somit ist der Frühjahrstrieb der wirtschaftlich wichtigste, jedoch können die Früchte aus dem zweiten und dritten Trieb (sog. „off-season-crop") durchaus lokale kommerzielle Bedeutung haben.

Sind die Früchte für den Versand bestimmt, ist eine sorgsame Ernte per Hand unbedingt notwendig um Verletzungen der Schale oder Quetschungen zu vermeiden. Werden die Früchte gleich vor Ort weiterverarbeitet, kann auch maschinell geerntet werden.

Zitrusfrüchte finden eine vielseitige Verwertung, entweder direkt als Obstexport oder Konservenfrüchte, oder aber bei der Herstellung von Säften, Konzentraten und Trockenpräparaten. Auch die dabei anfallende Schale wird verwendet, sei es zur Pektingewinnung oder als Tierfutter, manche Sorten werden sogar speziell wegen der Schale oder den Blüten gezüchtet und angebaut. So z.B. die Bitterorange, die vor allem wegen dem aus ihrer Schale gewonnenem Orangeat geschätzt wird. Aus diversen anderen Sorten werden zudem verschiedene Öle hergestellt, wie Orangenblüten-, Zitruskern- oder Petitgrain-Öle (REHM & ESPIG, 1984).

7. Wichtigste Erzeugerländer

Weltweit werden Zitrusfrüchte auf mehr als 8 Millionen Hektar angebaut, den Großteil machen mit 3,6 Millionen Hektar Orangen und mit 2 Millionen Hektar Mandarinen aus. Es ist zu erwarten, dass die Weltproduktion weiter zunimmt. Wie Tabelle 5 zeigt, ist Brasilien der größte Produzent an Agrumen.

Tab. 5: Anbauflächen und geerntete Menge, Daten von 2005
(http://de.wikipedia.org/wiki/Agrumen#Anbaugebiete ; Zugriff: 27.03.2008, 16.00 Uhr)

Land	Anbaufläche (ha)	Ernte (to)
Brasilien	922.000	20.202.135
China	1.714.000	16.019.500
Indien	265.000	4.750.000
Mexiko	511.000	6.735.231
Nigeria	730.000	3.250.000
Spanien	303.000	5.360.100
USA	380.000	10.436.251

Neben den hier aufgeführten Top 7 der Weltproduktion sind u.a. noch Argentinien, Japan, Australien, Südafrika und diverse Mittelmeerländer zu nennen. Wurden 1948/52 weltweit etwa nur 15,5 Millionen Tonnen produziert, so stiegen die Zahlen innerhalb nur 3 Jahrzehnte auf ca. 56 Millionen Tonnen, also auf knapp das 4fache. Tabelle 6 zeigt das Wachstum der Weltproduktion nochmals detailliert im Zeitraum von 1970 bis 1980 (FRANKE, 1984).

Tab. 6: Weltproduktion von Zitrusfrüchten in 1000 t (FRANKE, 1984)

	Orangen, Tangerinen	Grapefruits	Zitronen, Limetten u. a.	Insgesamt
1970	30130	3057	3679	36866
1973	36668	3778	4378	44824
1974	38809	3832	4373	47014
1975	39494	3741	4981	48216
1976	39144	4058	4580	47782
1977	40095	4246	5048	49389
1978	40562	4365	5396	50323
1979	42868	4161	5466	52495
1980	46403	4492	5616	56511

Der größte Teil der weltweit produzierten Zitrusfrüchte wird immer noch in den Erzeugerländern selbst verbraucht, jedoch nimmt der Anteil der zum Export bestimmten Früchte einen wichtigen Stellenwert ein. Tabelle 7 bietet einen Überblick über die Länder, die am meisten Orangen und Mandarinen importierten.

Tab. 7: Wichtige Importländer für Orangen und Mandarinen (FRANKE,1984)

	1971/75	1979	1980
Welt insgesamt	4703	4986	5159
Europa	3578	3584	3600
Frankreich	806	814	830
BRD	519	829	773
DDR	118[1])	100[1])	110[1])
Niederlande	329	364	369
Großbritannien	447	412	468
ČSSR	96	81	93
Österreich	100	94	101
Finnland	71	79	87
Jugoslawien	78	93	68
Ungarn	21	35	38
UdSSR	334	334	380
Nord- und Zentralamerika	267	318	344
Kanada	213	249	295
USA	44	45	25
Asien	506	694	783
Syrien	82	94	95
Hongkong	124	123	150
Jordanien	66	87[F]	97[F]
Malaysia	13	19	19
Afrika	14	18	12
Ozeanien	18	16	17
Neuseeland	18	14	16

[1]) Inoffizielle Zahlen
F = geschätzt

Wie fast zu erwarten war, gehören zu den Ländern, die am meisten Zitrusfrüchte importieren, die mittel- und nordeuropäischen, in denen ein Anbau aufgrund des Klimas nicht möglich ist.

8. Aufbereitung und Versand

Sind die Früchte zum Versand bestimmt, kommen sie direkt nach der Ernte in spezielle Packhäuser und werden, bei noch vorhandenen grünen Stellen, in Reiferäumen gelagert, die mit 30°C, einer Luftfeuchtigkeit von 85-90% und extra hinzugefügtem Äthylen für die typische Schalenfarbe sorgen. Nach diesem Prozess, der je nach Reifegrad 24 bis 72 Stunden dauern kann, entsprechen die Früchte zwar den Marktforderungen, die Haltbarkeit ist aber deutlich kürzer. Nachdem Reinigen von Schmutz, Spritzmitteln und eventuellen Schildläusen in einem speziellem

Seifenwasser, werden die Früchte getrocknet und in den meisten Fällen mit einer künstlichen Wachsschicht versehen. Dieser Vorgang verleiht den Zitrusfrüchten nach anschließendem Polieren mit weichen Bürsten nicht nur ein ansprechendes Aussehen, sondern beugt auch einem Austrocknen durch die beim Waschen in Mitleidenschaft gezogene natürliche Wachsschicht vor. Oft werden auch noch zusätzliche Vorratsschutzmittel aufgetragen, die vor allem Schimmel vorbeugen sollen. Nach diesen Behandlungen werden die Früchte der Fruchtgröße nach sortiert und verpackt. Die Größengruppen reichen bei Orangen von 1-13, bei Mandarinen von 1-10, bei Grapefruits von 1-9 und bei Zitronen von 1-7, gemessen am Querdurchmesser. Meist in Holzkisten oder Kartons mit Lüftungsschlitzen verpackt werden die Früchte dann in alle Welt verschickt und sind wenig später im Handel zu finden (FRANKE, 1984).

Literaturverzeichnis

Botanicus Digital Library   http://www.botanicus.org/

Das Citrus Online Buch   http://www.steffenreichel.homepage.t-online.de/Citrus/
(Zugriff: 27.03.2008, 16.00)

DOPPLER, W. (1991): Agrarökonomie in den Tropen und Subtropen. 72 Tabellen.
In: DOPPLER, W. (Hrsg.): Landwirtschaftliche Betriebssysteme in den Tropen und
Subtropen, Ulmer, Stuttgart.

ESDORN, I./ PIRSON, H. (1973): Die Nutzpflanzen der Tropen und Subtropen in der
Weltwirtschaft. 2., verbesserte und erweiterte Auflage. Fischer, Stuttgart.

FRANCE, Raoul H. (1939): Die Pflanzenwelt der Subtropen. In: Kosmos,
Gesellschaft der Naturfreunde (Hrsg.): Kosmos-Bibliothek ; 157, Franckh'sche
Verlagshandlung, Stuttgart.

FRANKE, G. / PÄTZOLD, H. (1984): Getreide, obstliefernde Pflanzen,Faserpflanzen.
In: FRANKE, G. (Hrsg.): Nutzpflanzen der Tropen und Subtropen. 4. Auflage. Hirzel,
Leipzig.

GENAUST, H. (2005): Etymologisches Wörterbuch der botanischen Pflanzennamen.
3., vollständig überarbeitete und erweiterte Auflage. Nikol Verlagsgesellschaft mbH,
Hamburg

JUTZI, Samuel C. u.a. (1998): Agrarwissenschaften der Tropen und Subtropen.
Perspektiven des deutschen Beitrages. In: JUTZI, Samuel C. (Hrsg.): Der
Tropenlandwirt, Beiheft Nr. 62, Selbstverlag des Verbandes der Tropenlandwirte
Witzenhausen, Witzenhausen.

PART III.THE BOOKS OF HSIÂ, S.68

http://www.sacredtexts.com/cfu/sbe03/sbe03013.htm

REHM, S., ESPIG, G. (1984): Die Kulturpflanzen der Tropen und Subtropen. Anbau, wirtschaftliche Bedeutung, Verwertung. 2., neubearb. Auflage, Ulmer, Stuttgart.

ROTHER, K. (1984): Der Agrarraum der mediterranen Subtropen. Einheit oder Vielfalt?. In: ROTHER, K., Universität Passau (Hrsg.): Passauer Universitätsreden – Heft 7, Passavia Universitätsverlag und Druck GmbH, Passau.

SCHULTZ, J. (2000): Handbuch der Ökozonen. In: SCHULTZ, J. (Hrsg.): UTB für Wissenschaft ; Nr. 8200, Ulmer, Stuttgart, S. 1-577.

Wikipedia   http://de.wikipedia.org/wiki/Zitruspflanzen (Zugriff: 27.03.2008, 16.00)

PART III.THE BOOKS OF HSIÂ, S.68

http://www.sacredtexts.com/cfu/sbe03/sbe03013.htm